算数

小学1 2 3年生の

図形を
おさらい
できる本

この本の使い方

この本では，ものさし・じょうぎ・コンパスなどの道具の，きほんの使い方をおさらいし，
三角形や四角形・円などの図形のかき方をマスターします。
小学1・2・3年で習う「図形のかき方」のツボをおさえましょう。

❶ツボその1から，じゅんに取り組もう。

❷「できるかな？」
いまの力をチェックしよう。

❸「大事なツボ！」
ヒントやおぼえておきたいコツなど，
ツボを教えるよ。

❹「やってみよう！」問題をときながら
ツボをおさらいするよ。
わからなかったら答えを見よう。

❺練習問題にチャレンジしよう。
答え合わせをして，まちがっていたら
直して100点にするよ。

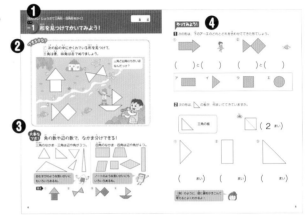

❻すべてのツボの学習が終わったら，
にんていテストでしあげのテスト。

❼にんていテストが100点になったら，
さいごのページの「にんていしょう」に
日にちと名前を書きこもう。

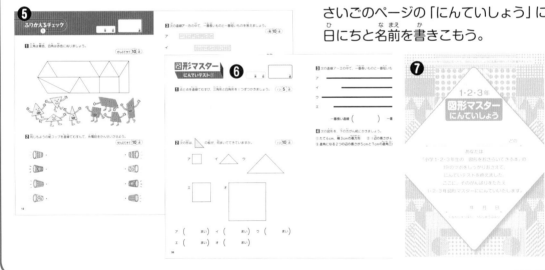

この本で使う道具

えんぴつ
ほそくけずって，先をとがらせておこう。

赤えんぴつ・青えんぴつ
赤と青がぬれればなんでもいいよ。

ものさし
30cmの竹のものさしを用意しよう。

三角じょうぎ
とうめいなじょうぎだと使いやすいよ。

コンパス
ねじをきちんとしめておこう。

小学1 2 3 年生の　算数
図形を おさらい できる本

この本の使い方・
　　この本で使う道具…2
もくじ…3

3

その1 形を見つけよう！

できるかな？

☑ 次の絵の中にかくれている形を見つけて，
三角は青，四角は赤でぬりましょう。

三角と四角のちがいは
なんだっけ？

大事なツボ！ 角の数や辺の数で，なかま分けできる！

三角のなかま…三角は辺や角が3つ。

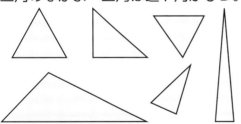

おむすびのような形いがいに
もいろいろあるね。

四角のなかま…四角は辺や角が4つ。

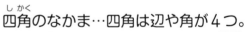
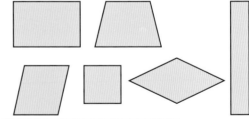

ノートのような形いがいにも
いろいろあるね。

答え
① 　② 　③ 　④

4

1 次の形は，下のア～エのどれとどれを合わせてできた形でしょう。

① ②

(　　　) と (　　　)　　　(　　　) と (　　　)

ア	イ	ウ	エ

2 次の形は，△ の板が，何まいでできていますか。

三角の板

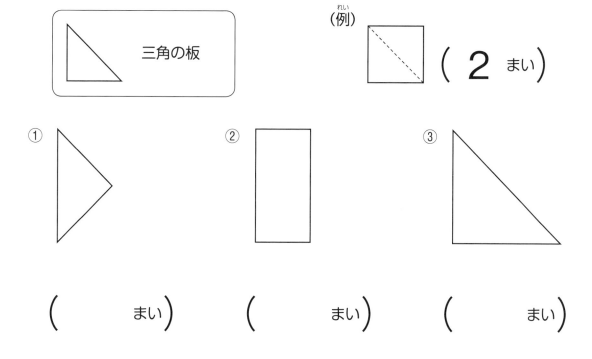

（例）

(**2** まい)

① ② ③

(　　　まい)　　　(　　　まい)　　　(　　　まい)

 （例）のように，図に線をかきこんで考えるとよくわかるよ！

ツボ その2　2つの点にものさしを合わせて直線をひく！

できるかな?

☑ まっすぐな線を直線といいます。

同じ数の点と点をむすんで，直線をひきましょう。

9 10 11 12 13 14 15 16

1・
2・
3・
4・
5・
6・
7・
8・

・9
・10
・11
・12
・13
・14
・15
・16

1は1と
2は2と線で
むすぼう。

ふしぎな
けしきが
見えてくるよ！

1　2　3　4　5　6　7　8

大事なツボ！ ものさしをしっかりおさえて点と点をむすぼう。

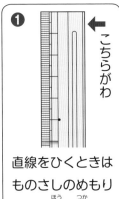

❶

こちらがわ

直線をひくときはものさしのめもりのない方を使います。

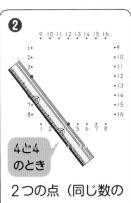

❷

4と4のとき

2つの点（同じ数の点）に，ものさしを合わせます。

❸

かた手でものさしをしっかりおさえて直線をひきましょう。

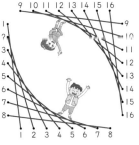

答え

1〜16まで，同じ数をむすぶと下の図ができます。

やってみよう！

1 次の①〜③の絵の，点と点を直線でむすんで橋を作りましょう。

点がないものは，自分で点をかきましょう。

①

②

③

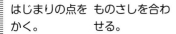

ものさしは，長さをはかるときはめもりがあるほうを，
直線をひくときはめもりがないほうを使いましょう。

なるほど
ね〜！

▶直線のひき方

①	②	③	④	⑤
はじまりの点をかく。	ものさしを合わせる。	おわりの点をかく。	めもりのないほうで点に合わせる。	ものさしをしっかりおさえて，点と点を直線でむすぶ。

7

ツボ その3 ものさしでcmの長さをはかろう！

できるかな？

☑ 次の物の長さは何cmか、めもりをよんではかりましょう。

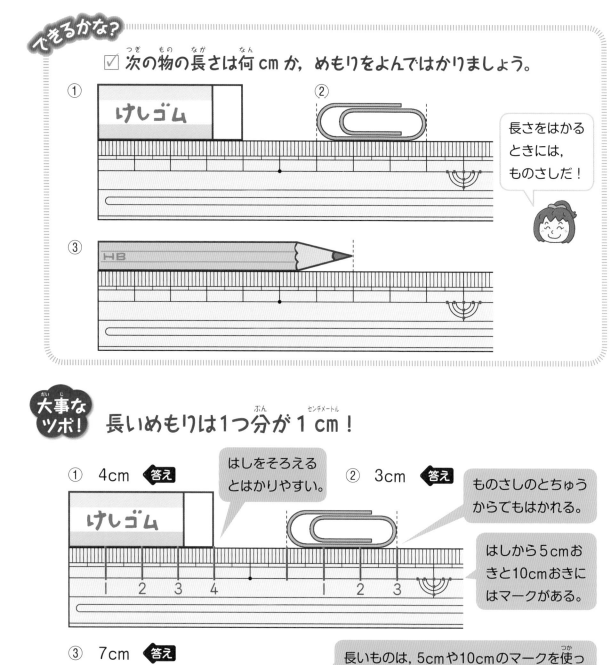

① けしゴム

②

長さをはかる
ときには，
ものさしだ！

③ HB

大事なツボ！ 長いめもりは1つ分が1cm！

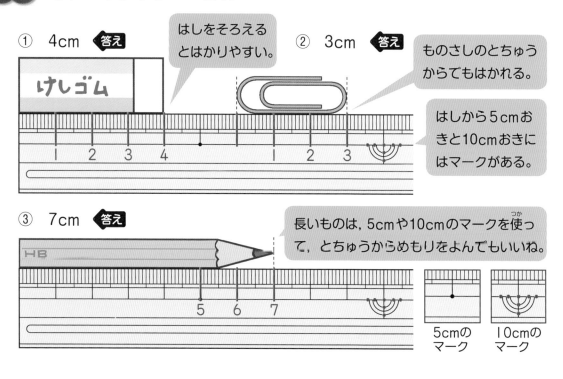

① 4cm 答え

はしをそろえる
とはかりやすい。

② 3cm 答え

ものさしのとちゅう
からでもはかれる。

はしから5cmお
きと10cmおきに
はマークがある。

けしゴム

|1 2 3 4| |1 2 3|

③ 7cm 答え

HB

|5 6 7|

長いものは，5cmや10cmのマークを使っ
て，とちゅうからめもりをよんでもいいね。

5cmの
マーク

10cmの
マーク

1 次の直線(ちょくせん)の長さは何cmですか。ものさしではかりましょう。

① ——————— （　　　　）cm

② —————————————— （　　　　）cm

③ —————————————————— （　　　　）cm

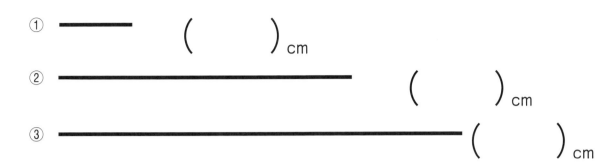

**おぼえて
いるかな？**

①ものさしのはしを，はかる物のはしにそろえます。めもりがかかれているものさしのふち(あ)をぴったり合(あ)わせましょう。

ぴったり
そろえるのが
大事！

ピタッ

②長いめもりは1つ分で1cmです。長いめもりがいくつあるかを数(かず)えましょう。

1cm 2cm 3cm 4cm 5cm

2 次の直線の長さは何cmですか。ものさしではかりましょう。

① （　　　　）cm

② （　　　　）cm

③ （　　　　）cm

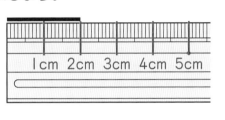

はかる物の向(む)きにそろえてものさしをまっすぐあてよう。ものさしがずれないように手(て)でしっかりおさえよう！

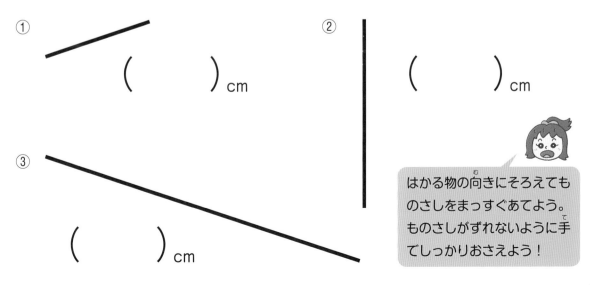

ツボ その4 ものさしでmmの長さをはかろう！

できるかな？

☑ 次の物の長さは何cm何mmか，めもりをよんではかりましょう。

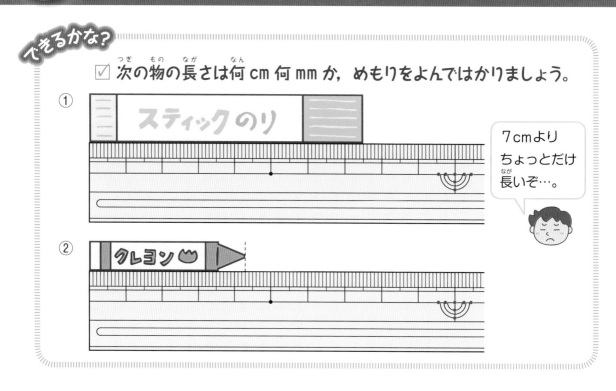

① スティックのり

7cmより
ちょっとだけ
長いぞ…。

② クレヨン

大事なツボ！ 短いめもりは1つ分が1mm！

長いめもりと短いめもりが，それぞれいくつ分かで，長さが決まります。

① 7cm5mm　答え

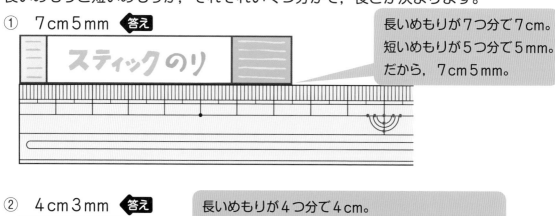

スティックのり

長いめもりが7つ分で7cm。
短いめもりが5つ分で5mm。
だから，7cm5mm。

② 4cm3mm　答え

クレヨン

長いめもりが4つ分で4cm。
短いめもりが3つ分で3mm。だから，4cm3mm。

短いめもりの見方

長いめもりが 5 つ分で 5 cm，短いめもりが 3 つ分で 3 mmのときの長さは，

5cm3mmです。

1cm 2cm 3cm 4cm 5cm

短いめもりが
3つ分で
3mmだから
5cm3mm

1 2 3

5cm

やってみよう！

短いめもりの数を，数えまちがえないように
気をつけよう。

1 次の直線の長さは何cm何mmですか。ものさしではかりましょう。

① ▬▬▬

( ) cm ( ) mm

② ▬▬▬▬▬▬▬▬▬▬▬▬▬▬▬▬▬▬▬▬▬▬▬

( ) cm ( ) mm

③ ▬▬▬▬▬▬▬▬▬▬▬▬▬▬▬▬▬

( ) cm ( ) mm

2 次の直線の長さを，ものさしではかりましょう。

① ▮ ( ) mm ②

③

( ) cm ( ) mm ( ) cm ( ) mm

月　日　　　　　　点

1 三角は青色，四角は赤色にぬりましょう。

2 同じもようの紙コップを直線でむすんで，糸電話をかんせいさせよう。

ぜんぶできて **10** 点

・

・

・

・

・

・

・

・

3 次の直線ア～カの中で，一番長いものと一番短いものを答えましょう。

1つ**10**点

ア

イ

ウ

エ

オ

カ

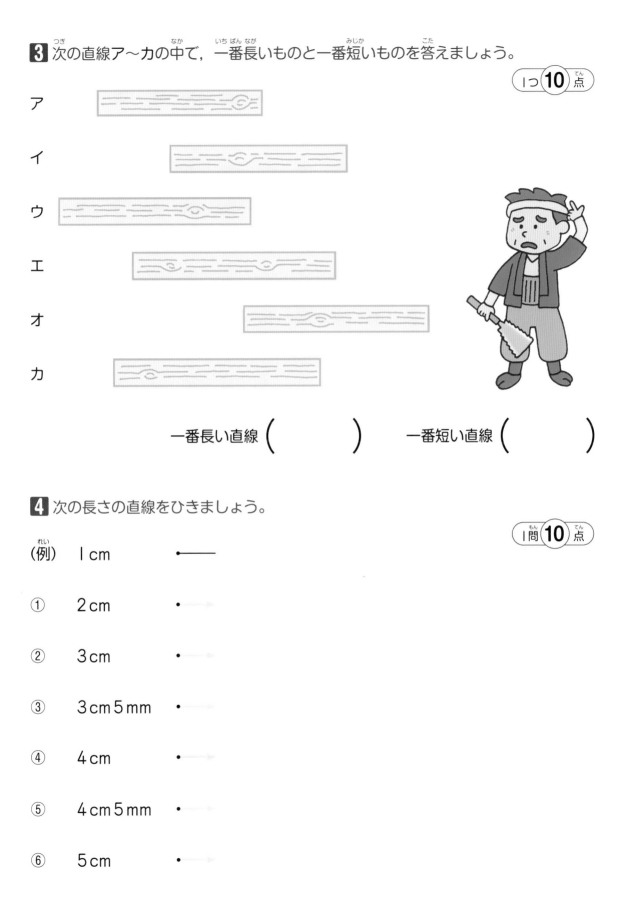

一番長い直線 （　　　　　）　　　一番短い直線 （　　　　　）

4 次の長さの直線をひきましょう。

1問**10**点

（例）　1cm　　　●────

①　　2cm　　　●

②　　3cm　　　●

③　　3cm5mm　●

④　　4cm　　　●

⑤　　4cm5mm　●

⑥　　5cm　　　●

13

ツボ その5　辺をかきたして，三角形・四角形をかこう！

できるかな？

☑ 点と点をむすんで，三角形と四角形をかきましょう。

① 辺をかきたして，
三角形をかきましょう。

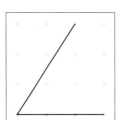

② 辺をかきたして，
四角形をかきましょう。

むすぼうと思う2つの点に，ものさしを合わせるよ！

大事なツボ！　辺の数に注目して，三角形と四角形をかき分けよう！

・三角形は3本の直線でかこまれた形。　・四角形は4本の直線でかこまれた形。

 ①

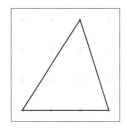

答え ②

・直線のところを辺といい，角のところを頂点といいます。

三角形でも四角形でもない形

×辺が
切れている。

×角が丸く
なっている。

×辺が
切れている。

×辺が
曲がっている。

とちゅうで曲がったり，直線が切れたりしないように気をつけよう。

1 辺をかきたして，三角形と四角形を１つずつかきましょう。

―――――　　　　　　　―――――

三角形は２本，四角形は３本
辺をかきたせばいいよね。

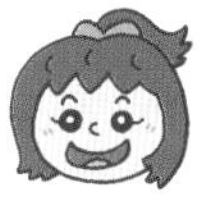

**おぼえて
いるかな？**

直線をきれいにひくコツ

① えんぴつは細くけずっておこう。

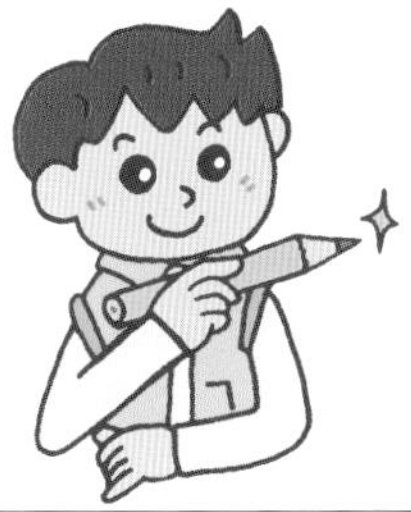

② 線をひくとき，かいていく方に
えんぴつを少しねかせるようにし
て，ものさしのへりにつけてひく
といいよ。

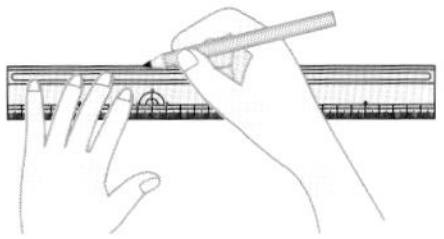

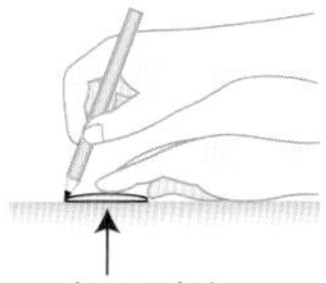

ものさし

2 点と点を直線でむすび，三角形と四角形を２つずつかきましょう。

ツボ その6 三角じょうぎで直角を見分けよう！

できるかな？

☑ **直角はどれですか。すべてえらびましょう。**

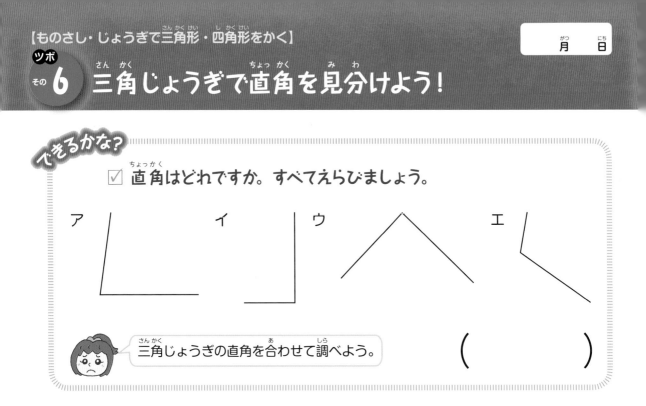

三角じょうぎの直角を合わせて調べよう。

（　　　　　　）

大事なツボ！ 三角じょうぎの直角がぴったり重なれば直角！

三角じょうぎには直角があります。
直角の部分を図にあてて，
ぴったり重なれば直角です。

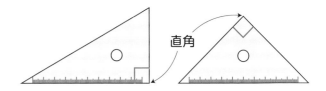

直角

 は，「この角は直角である」ということを表しています。

ア〜エの角に，三角じょうぎを重ねてみましょう。

ア　イ 直角　ウ 直角　エ

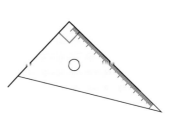

答え イ，ウ

16

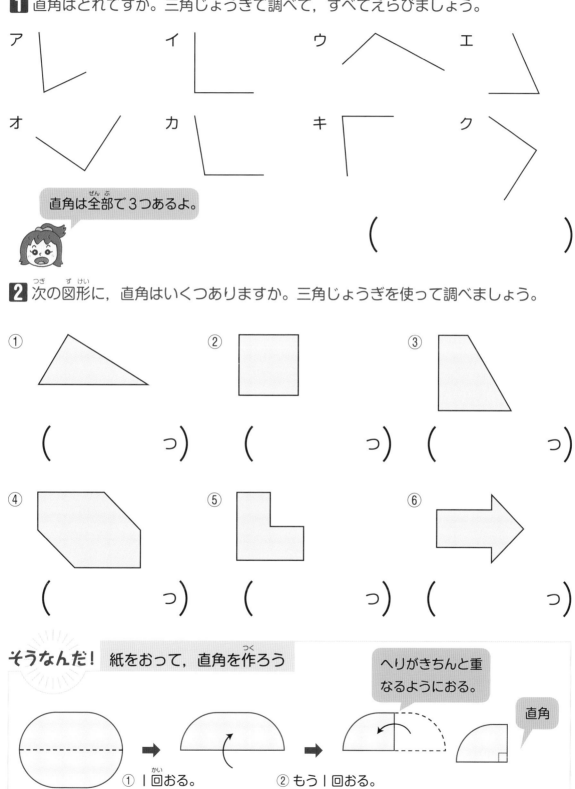

やってみよう!

1 直角はどれですか。三角じょうぎで調べて，すべてえらびましょう。

ア　　　　　イ　　　　　ウ　　　　　エ

オ　　　　　カ　　　　　キ　　　　　ク

直角は全部で３つあるよ。

（　　　　　　　　　）

2 次の図形に，直角はいくつありますか。三角じょうぎを使って調べましょう。

①　　　　　　　　　②　　　　　　　　　③

（　　　つ）　（　　　つ）　（　　　つ）

④　　　　　　　　　⑤　　　　　　　　　⑥

（　　　つ）　（　　　つ）　（　　　つ）

そうなんだ! 　紙をおって，直角を作ろう

へりがきちんと重なるようにおる。

直角

① １回おる。　　② もう１回おる。

17

1 点と点を直線でむすび，三角形と四角形を１つずつかきましょう。

1つ 10 点

2 次の形は，三角形や四角形ではありません。どこをかきなおせば三角形や四角形になるでしょう。かきなおす部分を○でかこみましょう。

1問 10 点

①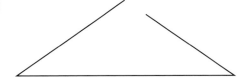

②

③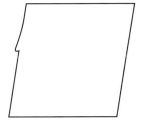

3 次のア～クの中から，直角をすべてえらびましょう。

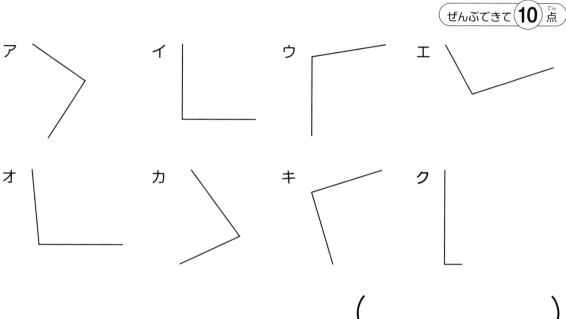

(　　　　　　　　)

4 次の図形には，それぞれ直角がいくつありますか。

① 　　　　　　　　　　②

(　　　　　)　　　　　(　　　　　)

③ 　　　　　　　　　　④

(　　　　　)　　　　　(　　　　　)

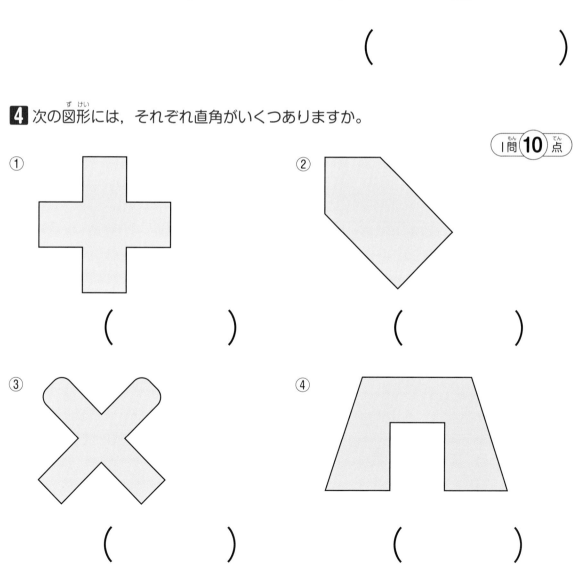

ツボ その7　長方形・正方形を見分けよう！

できるかな？

☑ 次の四角形の中から，長方形と正方形をえらびましょう。

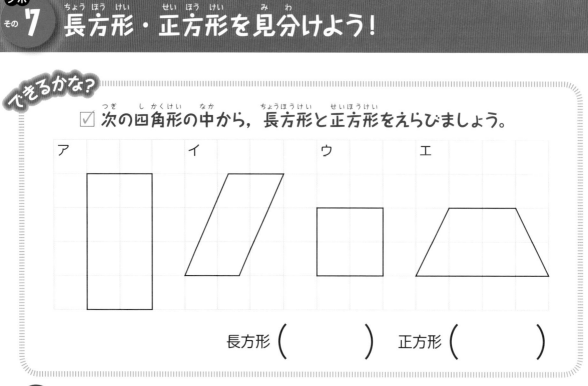

長方形 （　　　　　）　正方形 （　　　　　）

大事なツボ！

4つの角と辺を調べよう！

・長方形… 4つの角がみんな直角になっている四角形。

・正方形… 4つの角がみんな直角で，4つの辺の長さ
　　　　　が，みんな同じになっている四角形。

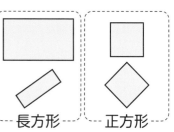

長方形　　　正方形

方がん紙のマスを見れば，直角かどうかと辺の長さがわかります。4つの角が直
角かどうか，4つの辺が同じ長さか調べましょう。

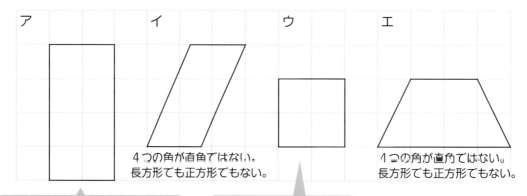

ア　　　イ　　　ウ　　　エ

4つの角が直角ではない。
長方形でも正方形でもない。

4つの角が直角ではない。
長方形でも正方形でもない。

4つの角がみんな直角だけど，4つ
の辺の長さは，みんな同じではない
から長方形。

4つの角がみんな直角で，
4つの辺の長さもみんな同
じだから正方形。

答え 長方形－ア，正方形－ウ

三角じょうぎを使えば，4つの角が直角
かどうか調べることができます。
4つの辺の長さは，ものさしではかって
調べましょう。

①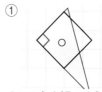

4つの角を調べよう。

②

4つの辺の
長さを調べよう。

やってみよう!

1 次の四角形の中から，正方形をえらびましょう。

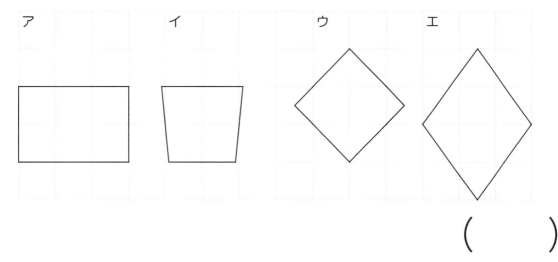

ア　　　　イ　　　　ウ　　　　エ

（　　　）

2 次の四角形の中から，正方形をすべてえらびましょう。

ア 　　イ 　　ウ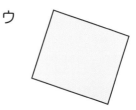

エ 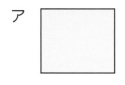　　オ 　　カ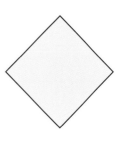

直角と辺の長さを調べれば，
長方形か，正方形かがわかるよ。

（　　　）

ツボ その8 方がんの直角を使い，長方形と正方形をかく！

できるかな？

☑ 次の図形を，下の方がん紙にかきましょう。

① たて4cm，横5cmの長方形　　　② 1つの辺の長さが3cmの正方形

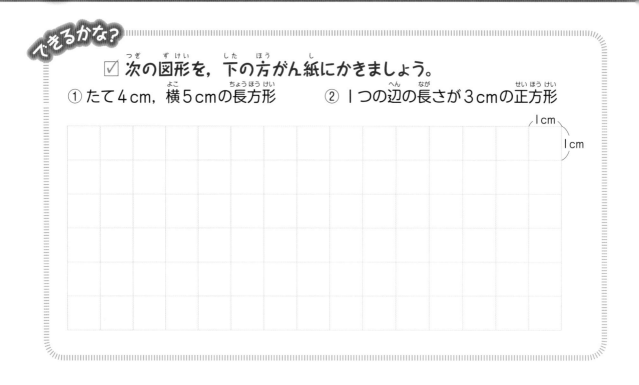

大事なツボ！ 辺の長さがわかれば長方形と正方形がかける！

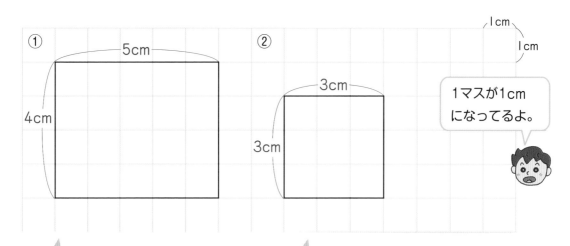

1マスが1cm
になってるよ。

長方形は，向かい合う辺の長さが同じだから，たてと横の長さがわかればかけます。

正方形は，4つすべての辺の長さが同じだから，1つの辺の長さがわかればかけます。

やってみよう!

1 次の図形を, 下の方がん紙にかきましょう。

① たて2cm, 横8cmの長方形　　② 1つの辺の長さが4cmの正方形

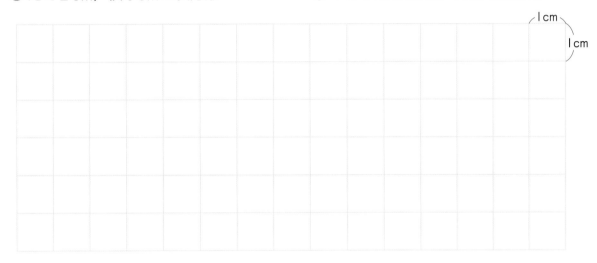

2 下の方がん紙に, できるだけ大(おお)きな正方形をかきましょう。

1 次の図形の中から，正方形をすべてえらびましょう。

ぜんぶできて **30** 点

ア

イ

ウ

エ

オ

カ

(　　　　　　　)

2 次の図形を，下の方がん紙にかきましょう。

① たて1cm，横9cmの長方形 　　　② たて2cm，横8cmの長方形

③ たて3cm，横7cmの長方形 　　　④ たて4cm，横6cmの長方形

⑤ 1辺の長さが5cmの正方形

1cm
1cm

3 上の方がん紙を使ってかける一番大きな長方形は，たて何cm，横何cmですか。

たて（　　　　　　　），横（　　　　　　　）

ツボ その9 直角三角形を見つけよう！

☑ 次の三角形の中から，直角三角形をすべてえらびましょう。

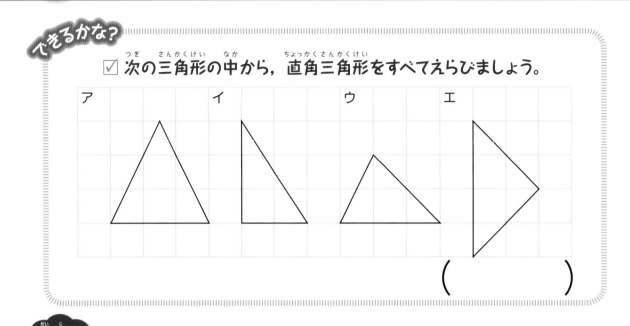

ア　イ　ウ　エ

（　　　　　）

大事なツボ！ 直角三角形には直角の角がある。

・直角の角がある三角形を，直角三角形といいます。

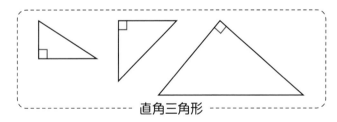

直角三角形

三角じょうぎは，直角三角形です。

角に三角じょうぎの直角の部分をあてて，ぴったり重なれば，直角です。

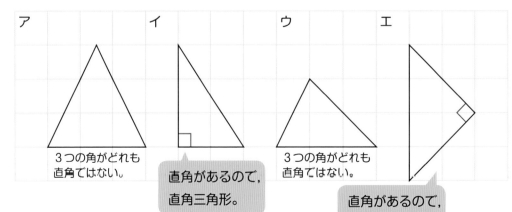

ア　イ　ウ　エ

3つの角がどれも直角ではない。

直角があるので，直角三角形。

3つの角がどれも直角ではない。

直角があるので，直角三角形。

答え イ，エ

1 次の三角形の中から，直角三角形をすべてえらびましょう。

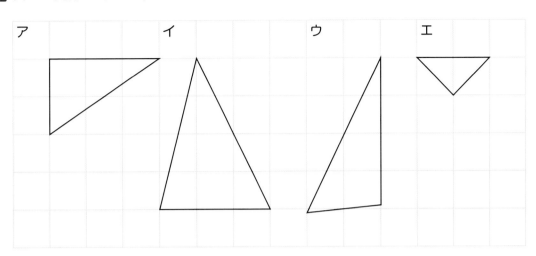

ア　イ　ウ　エ

方がんの直角を使うか，
三角じょうぎの直角をあてて考えましょう。

（　　　　　　）

2 次の三角形の中に，直角三角形はいくつありますか。

ア 　イ 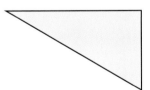　ウ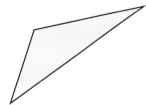

エ 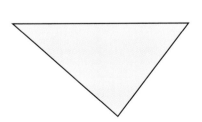　オ 　カ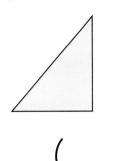

（　　　）

三角じょうぎの直角と
ぴったり重なるかな？

ツボ その10 方がんの直角を使い，直角三角形をかく！

できるかな？

☑ 次の方がん紙に，大きさがちがう直角三角形を3つかきましょう。

1cm
1cm

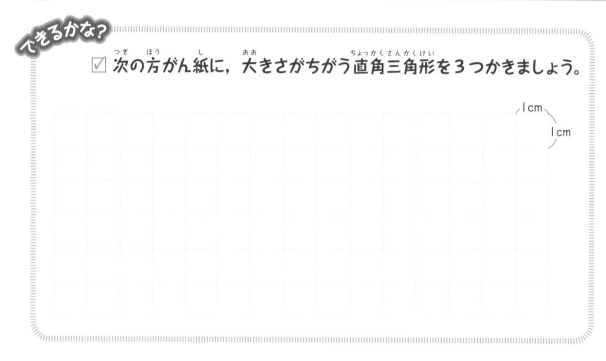

大事なツボ！ いろいろな大きさや形の直角三角形をかいてみよう。

直角三角形にもいろいろな形があります。
方がんを使っていろいろな大きさ・形・向きの直角三角形をかいてみましょう。

（例）
1cm
1cm

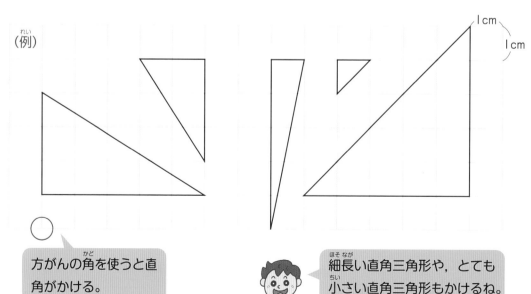

方がんの角を使うと直角がかける。

細長い直角三角形や，とても小さい直角三角形もかけるね。

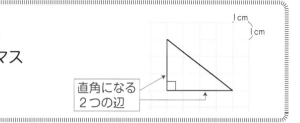
やってみよう!

1 次の図形を, 下の方がん紙にかきましょう。

① 直角になる2つの辺の長さが
　3cmと4cmの直角三角形

② 直角になる2つの辺の長さが
　5cmと2cmの直角三角形

2 次の直角三角形に, 同じ直角三角形を1つかきくわえて, 正方形か長方形を作りま
しょう。

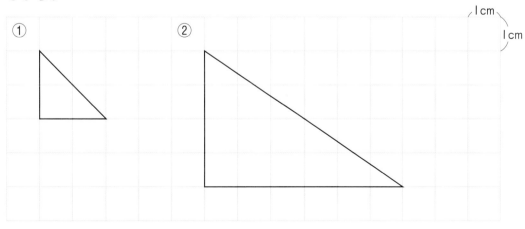

①は正方形, ②は長方形ができるよ。

1 次の図形の中から，直角三角形をすべてえらびましょう。

ぜんぶできて **30** 点

ア

イ

ウ

エ

オ

カ

(　　　　　　　　)

2 次の図形を，下の方がん紙にかきましょう。

① 直角になる2つの辺の長さが3cmと5cmの直角三角形

② 直角になる2つの辺の長さが7cmと4cmの直角三角形

3 直角になる2つの辺の長さが3cmと3cmの直角三角形を，8つ組み合わせて，正方形をかきましょう。

ツボ その11 円の半径と直径をはかってみよう！

できるかな？

☑ 点アをまん中にして，点アから 3cm はなれた点をたくさんかきましょう。点をたくさんかくと ㋐ 〜 ㋑ のどの形ができますか。

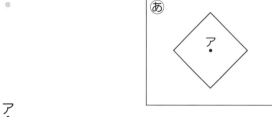

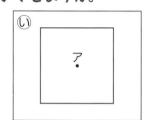

㋐

㋑

㋒

㋓

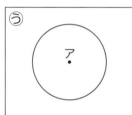

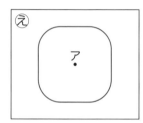

（　　　　）

上の点のように，ものさしで 3cm をはかって，点をかいてみよう。

大事なツボ！ 円の半径はどこでも同じ長さ！

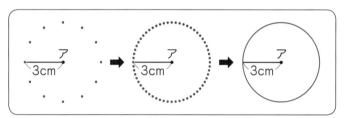

まん中の点アから3cmはなれた点をたくさんかいてみると，丸い形ができます。

答え ㋒

・1つの点から同じ長さになるようにかいた丸い形を円といいます。
・まん中の点を円の中心というよ。
・中心から円までひいた，同じ長さの直線を半径というよ。

1つの円に
半径はたくさんあるね。

半径の長さはみんな同じだよ。

1 次の円に，半径を３本ひきましょう。ひいたら長さをはかりましょう。

①

半径（　　　　　）

②

半径（　　　　　）

**おぼえて
いるかな？**

中心
直径　　半径

円の中心を通り，円のまわりからまわりまで
ひいた直線を，直径というよ。

直径の長さは半径の２倍です！

直径はかならず円の
中心を通るよ！

2 次のような円をかきました。それぞれの円の半径，直径の長さは，それぞれ何cm
ですか。

①

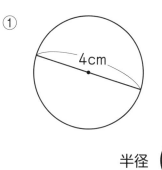

半径（　　　　　）

直径（　　　　　）

②

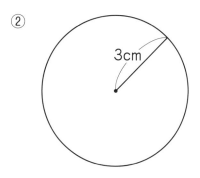

半径（　　　　　）直径（　　　　　）

ツボ その12 コンパスの使い方をおぼえよう！

できるかな？

☑ 円の上をコンパスでなぞりましょう。

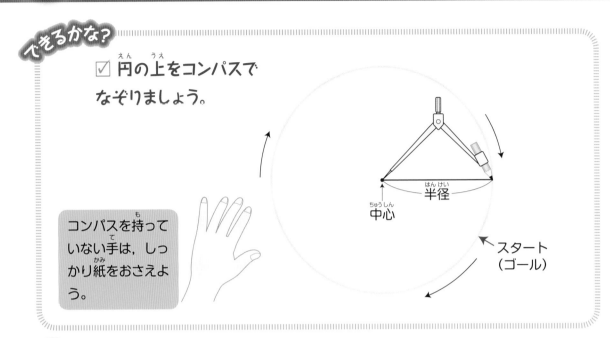

コンパスを持っていない手は，しっかり紙をおさえよう。

半径

中心

スタート（ゴール）

大事なツボ！ コンパスを回すときは手首の力をぬいて一気にくるっと!!

❶ コンパスの下はやわらかく！

 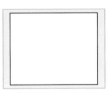

ノートやドリルは下じきをはずす。

プリントの下には何かしこう。

❷ 半径の長さにコンパスを開こう。

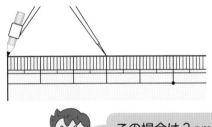

 この場合は3cm！

❸ 中心を決めて，はりをまっすぐにさそう。

←はりをまっすぐにさそう！

中心

❹ 手首を自分のほうにひねって，時計の4時あたりからかき始め，一気に回そう。

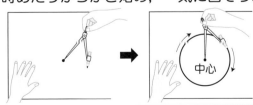

中心

 コンパスを持っていない手は，しっかり紙をおさえよう。

コンパスのさしたはりは動かさず，手首の力をぬこう。

やってみよう!

1 次の長さにコンパスを開いてみましょう。

① 3cm

② 6cm

③ 4.5cm

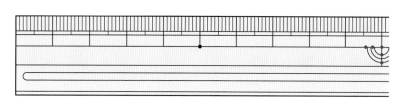

2 中心にはりをさして，半径の長さに開き，円の続きをかきましょう。

左ききのお友だちへ

左ききの人は，反対がわからスタートして，ぎゃく回りしよう。

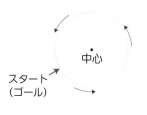

中心

スタート
（ゴール）

① 半径4cm

中心

中心

スタート
（ゴール）

② 半径2cm

スタート
（ゴール）

③ 半径3.5cm

ツボ その13　コンパスを使って円をかこう！

できるかな?

☑ 左の円と同じ円をかいて，女の子の頭にもボールを乗せましょう。

直径
4cm

半径の長さに
コンパスを
開いて円をかくよ。

大事なツボ!　半径がわかれば円がかける。

33ページでかくにんした通り，直径は半径の2倍。

直径がわかれば半径がわかるね。半径がわかれば円がかけるよ。

直径
4cm
中心　半径
2cm

直径が4cmとわかっているので
半径は直径の半分の2cm。
半径がわかったら円をかくことが
できるね。

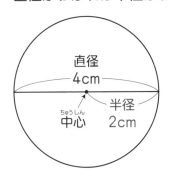

答え

半径2cmの円がかけ
ていたら正かい。

やってみよう！

1 コンパスを使って，次の円をかきましょう。

① 半径３cmの円

② 半径４cmの円

③ 直径６cmの円

④ 直径７cmの円

直径が６cmなら，半径は半分だから…。

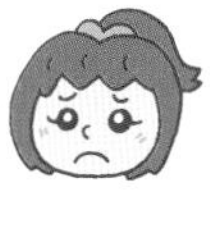

1 次の円の㋐，㋑，㋒は何といいますか。

I問 **5** 点

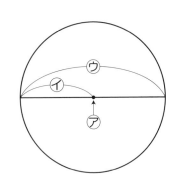

㋐ （　　　　　　　）

㋑ （　　　　　　　）

㋒ （　　　　　　　）

2 次の□にあてはまる数を書きましょう。

I問 **5** 点

① 円の直径の長さは，半径の長さの □ 倍です。

② 半径３cmの円の直径の長さは □ cm。

③ 直径１０cmの円の半径の長さは □ cm。

3 次の円の直径，半径の長さはそれぞれ何cmですか。

ぜんぶ書いて I問 **10** 点

①

②　　　　　　5cm
　　　　　　中心

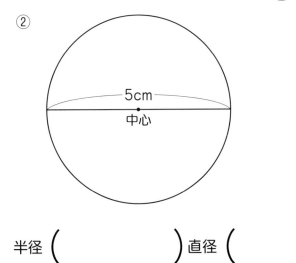

半径 （　　　　）

直径 （　　　　）

半径 （　　　　） 直径 （　　　　）

4 次の□にあてはまる数や言葉を書きましょう。 １問 **5** 点

① 円をかくときは ☐ の長さにコンパスを開く。

② ☐ を決めて，はりをさす。

③ 直径が６cmの円をかくには，半径 ☐ cmの長さにコンパスを開く。

④ 直径が１４cmの円をかくには，半径 ☐ cmの長さにコンパスを開く。

5 コンパスを使って，次の円をかきましょう。 １問 **10** 点

① 半径３cmの円

② 直径８cmの円

③ 半径１.5cmの円

ツボ
その **14**　コンパスでもようをかこう！

できるかな？

☑ コンパスを使って，次のもようをかこう。

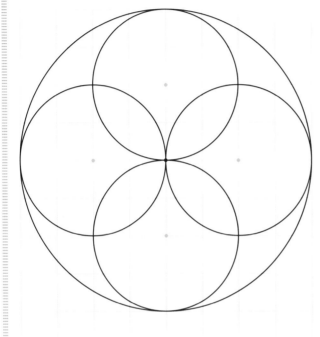

大きな円の中に，小さな円が４つ
入っているね。

**大事な
ツボ！** かく前に，まず
もようの中心
の場所と半径の
長さを調べよう！

円は半径の長さがわかればかけ
るよね。大きな円と小さな円の
半径を調べよう。

❶
大きな円の
半径は，
小さな円の
直径にな
ります。

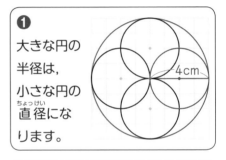

❷
まず，半径
４cmの大
きな円をか
きます。

❸
大きな円の
半径のまん
中を小さな
円の中心に
して，半径
２cmの円をかきます。
同じようにのこり３つもかきます。

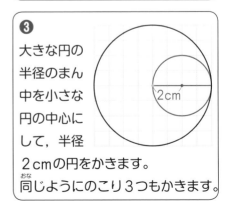

1 コンパスを使って，次の図と同じもようをかきましょう。

① ②

①は5つの円が組み合わさったもようだね。どの円も半径2cmだよ。中心の場所を決めてかこう。

② は半径３cmの円を組み合わせているみたいだぞ…？

ツボ その15 コンパスで長さをはかろう！

できるかな？

☑ 駅から学校までの道，A コースと B コースがあります。
どちらの道のりが短いでしょう。

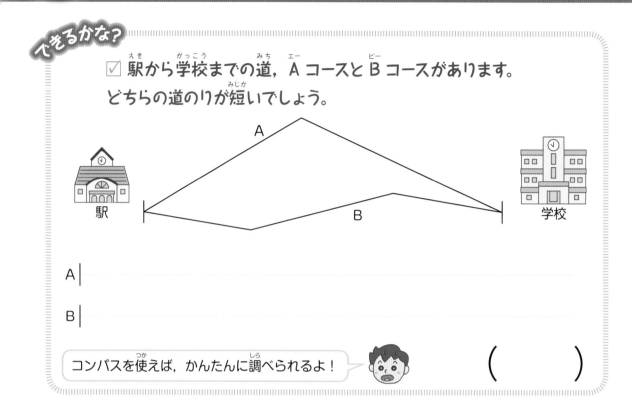

A|

B|

コンパスを使えば，かんたんに調べられるよ！

（　　　　）

大事なツボ！ コンパスは，長さをうつしとることができる！

コンパスで長さをうつしとって，どちらが長いか（短いか）をくらべることができます。ものさしを使うよりかんたんに調べられます。

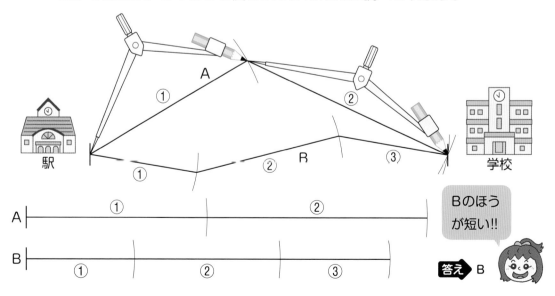

Bのほう
が短い!!

答え B

42

1 アのおれ線と，イの直線は，どちらが長いですか。

コンパスで，アのおれ線をイの直線にうつしてくらべましょう。

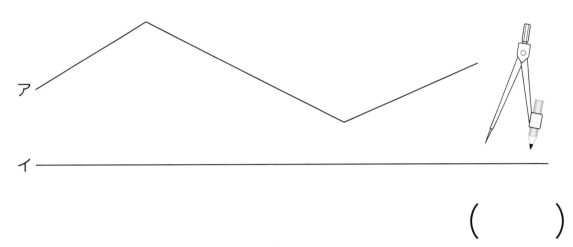

(　　　　　)

2 次の問題に，コンパスを使って調べて答えましょう。

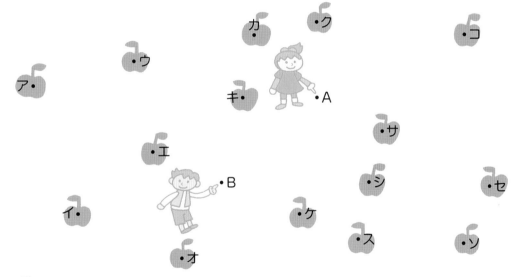

① Aの点から2cmはなれたところにある点を，すべて
えらびましょう。

(　　　　　)

 点Aを中心に，2cmの
円をかいて考えよう！

② Bの点から4cmはなれたところにある点を，すべて
えらびましょう。

(　　　　　)

43

1 コンパスを使って，左の図と同じ図を右にかきましょう。

1問 **10** 点

①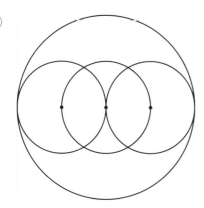

点のところに
コンパスのは
りをさそう。

②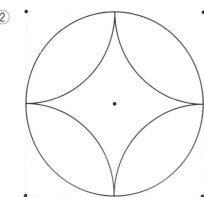

2 コンパスを使って，左の図と同じ図を右にかきましょう。

20 点

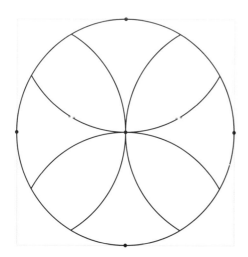

3 アのおれ線と，イの直線は，どちらが長いですか。コンパスで，アのおれ線を下の
直線にうつしてくらべましょう。 **20**点

ア

イ

（　　　）

4 次の問題に，コンパスを使って調べて答えましょう。

1問 **20**点

①　Aの点から3cmはなれたところにある点を，すべて
えらびましょう。　　　　　　　　　　　（　　　　　）

②　Bの点から5cmはなれたところにある点を，すべて
えらびましょう。　　　　　　　　　　　（　　　　　）

・オ　　・キ

・ア

・コ

・セ

・イ

・ソ

・A

・ク

・B

・ウ　　・カ　　・サ

・ス

・エ

・シ

・タ

・ケ

ツボ その16 正三角形と二等辺三角形を見つけよう！

できるかな？

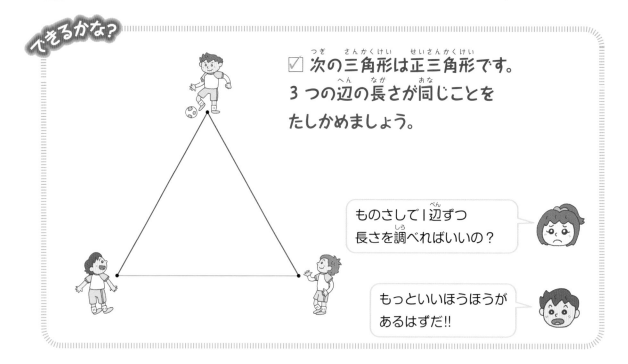

☑ 次の三角形は正三角形です。3つの辺の長さが同じことをたしかめましょう。

ものさしで1辺ずつ長さを調べればいいの？

もっといいほうほうがあるはずだ!!

大事なツボ！ コンパスで等しい辺の長さをすばやく見つけよう！

長さを調べるにはものさしだけど，同じ長さかどうか調べるにはコンパスを使うと，はやく調べられるよ。

❶

三角形の1辺の長さに合わせてコンパスを開きます。

❷

コンパスを開いたまま，別の辺に合わせます。ぴったり合えば同じ長さです。

❸

同じように，もう1つの辺も調べてみましょう。3つの辺の長さが同じなら正三角形です。

3つの辺が同じ長さの三角形だから，正三角形でまちがいないね！

1 次の三角形の中から，二等辺三角形をえらびましょう。

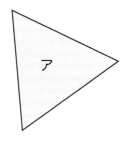 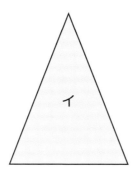 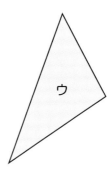

（　　　　）

おぼえて いるかな？

・2つの辺の長さが等しい三角形を二等辺三角形といいます。

・3つの辺の長さが等しい三角形を正三角形といいます。

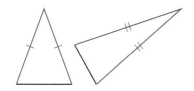 

3つの辺が全部ちがうのはふつうの三角形か。

バラ バラ

2 次の三角形の中から，二等辺三角形と正三角形をすべてえらびましょう。

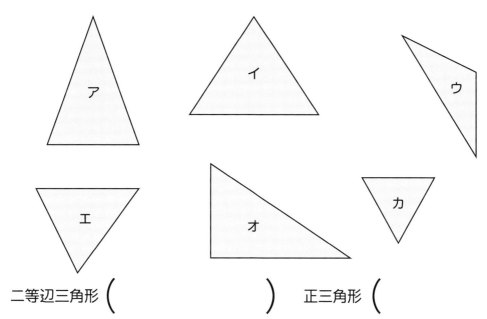

二等辺三角形（　　　　　　）　　　正三角形（　　　　　　　　）

ツボ その17　二等辺三角形のかき方をおぼえよう！

できるかな？

☑ 辺の長さが 3cm，4cm，4cm の二等辺三角形をかきます。
うすい線をなぞってかき方をたしかめましょう。

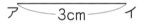
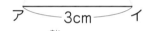

ア　3cm　イ　　　ア　3cm　イ　　　ア　3cm　イ

❶コンパスを4cmに開いて，点アを中心に円をかきます。

❷コンパスをひらいたまま，今度は点イを中心に円をかきます。

❸2つの円が交わったところが点ウになります。点ウとア，イを直線でむすぶと二等辺三角形のできあがり。

大事なツボ！ 同じ長さの辺を調べることができるなら，かくこともできる！

コンパスで二等辺三角形を調べることができた（47ページ）から，同じ方法で二等辺三角形がかけることをおさえましょう。

・わかっている辺のそれぞれのはしを中心にして，半径が同じ長さの円をかきます。

・円をかくときには，全部の円をかかなくても，交わる点ウを予想してかくと，ムダがない
ですね。

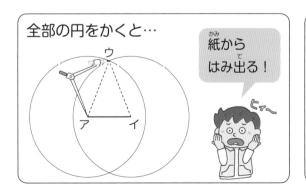

全部の円をかくと…

紙からはみ出る！

ヒィ〜

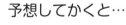

予想してかくと…

二等辺三角形の形を思いうかべたら点ウのいちもなんとなくわかるよね。

ムダなくかける!!

やってみよう！

1 コンパスを使って，次の二等辺三角形をかきましょう。

① 辺の長さが
6cm，6cm，4cm
の二等辺三角形

4cm

② 辺の長さが
8cm，5cm，5cm
の二等辺三角形

8cm

③ 辺の長さが
6cm，9cm，9cm
の二等辺三角形

6cm

④ 辺の長さが
5cm，4cm，4cm
の二等辺三角形

月 日 点

1 次のパズルのあなにあてはまる三角形をそれぞれえらびましょう。 1問 **10** 点

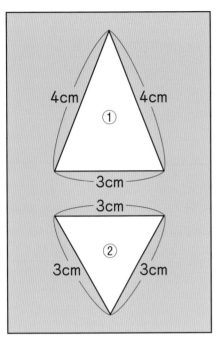

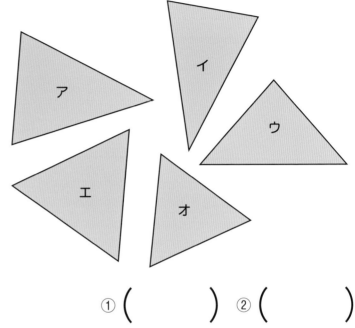

① (   ) ② (   )

2 二等辺三角形と正三角形をすべてぬりつぶしましょう。 **20** 点

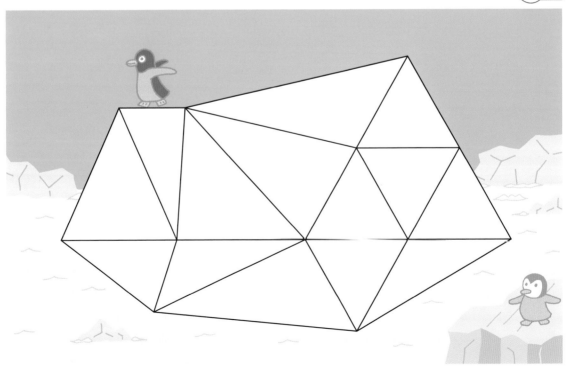

3 コンパスを使って，次の二等辺三角形をかきましょう。

① 辺の長さ

7cm，7cm，10cm

② 辺の長さ

7cm，7cm，4cm

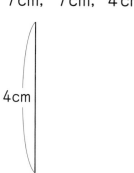

├─────────── 10cm ───────────┤

4 次の二等辺三角形をかきましょう。

① 辺の長さが

6cm，6cm，4cm

② 辺の長さが

7cm，7cm，9cm

ツボ その18 正三角形をかいてみよう！

できるかな？

☑ 1辺の長さが4cmの正三角形をかいて，
おにぎりをかんせいさせましょう。

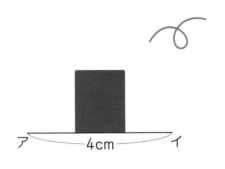

ア　4cm　イ

すべての辺が
4cmなんだよね。
のこり2つの辺を
かけばいいから…。

大事なツボ！ 正三角形は，二等辺三角形と同じかき方でかける！

コンパスで二等辺三角形をかくときと同じほうほうで，正三角形がかけることを
おさえよう。

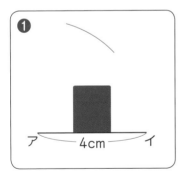

❶

ア　4cm　イ

コンパスを4cmに開いて点
アを中心に半径4cmの円を
かきます。

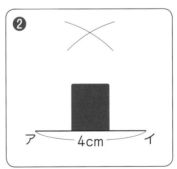

❷

ア　4cm　イ

コンパスを開いたまま，今度
は点イを中心に円をかきます。

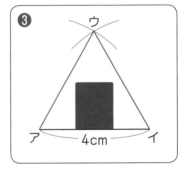

❸

ウ

ア　4cm　イ

2つの円が交わったところが
点ウになります。
ウとア，ウとイを直線でむすん
で正三角形のかんせいです！

正三角形は3つの辺の長さが等
しい三角形だったね。

つまり，1辺の長さが分か
ると，正三角形をかくこと
ができるんだね！

やってみよう！

1 コンパスを使って，次の正三角形をかきましょう。

① 辺の長さが5cm，5cm，5cm
の正三角形

② 1辺の長さが6cmの
正三角形

――――5cm――――

――――6cm――――

③ 辺の長さが3cm，3cm，3cm
の正三角形

④ 1辺の長さが3.5cmの
正三角形

――――――――

――――――――

ツボ その19　円の半径が辺になった三角形をかこう！

できるかな？

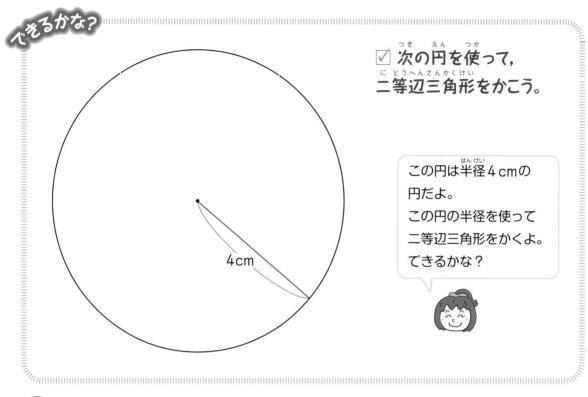

☑ 次の円を使って，二等辺三角形をかこう。

この円は半径4cmの円だよ。
この円の半径を使って二等辺三角形をかくよ。
できるかな？

大事なツボ！　円の半径を使うとかんたんに二等辺三角形がかける！

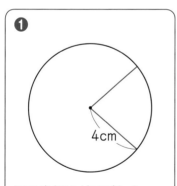

❶

4cm

円の半径はどこでも4cmなので，もう1つ，半径の直線をひきます。

円の半径はどこでも同じ長さ！

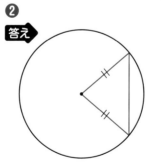

❷

答え

2つの半径が二等辺三角形の等しい2つの辺になります。

こんな形でもいいよ！

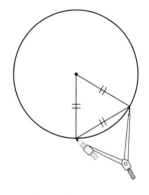

正三角形もかけます

コンパスを使って3つの辺を同じ長さにすると正三角形もかけるよ。

1 円を使って，次の三角形をかきましょう。

① 辺の長さが３cm，３cm，２cmの
二等辺三角形
（半径３cmの円）

② 辺の長さが４cm，４cm，３cmの
二等辺三角形

半径は何cmにすれば
いいかな？

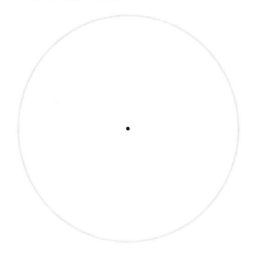

③ １辺の長さが４cmの
正三角形

半径は何cmかな？

④ １辺の長さが2.5cmの
正三角形

1 コンパスを使って，次の正三角形をかきましょう。

1問 **10** 点

① 1辺の長さが4cm

4cm

② 1辺の長さが7cm

③ 1辺の長さが3cm

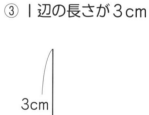
3cm

④ 1辺の長さが2.5cm

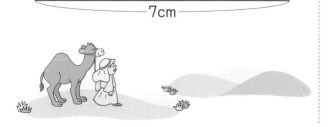
7cm

2.5cm

2 円を使ってかく二等辺三角形について，次の問題に答えましょう。

① 辺の長さが4cm，4cm，5cmの二等辺三角形をかきましょう。

半径は何cmにすれば
いいかな？

② 辺の長さが3cm，6cm，6cmの二等辺三角形をかくとき，
半径（　　　　　）cmの円をかけばよい。

3 円を使って，次の正三角形をかきましょう。

1辺の長さが4cmの正三角形

月　日　　　　　　　点

1 点と点を直線でむすび，三角形と四角形を１つずつかきましょう。　　１つ **5** 点

2 次の形は， の板が，何まいでできていますか。　　１つ **10** 点

ア （　　　　まい）　イ （　　　　まい）　ウ （　　　　まい）

エ （　　　　まい）　オ （　　　　まい）

3 次の直線ア〜エの中で，一番長いものと一番短いものを答えましょう。

ア

イ

ウ

エ

一番長い直線 （　　　　　　） 一番短い直線 （　　　　　　）

4 次の図形を，下の方がん紙にかきましょう。

① たて6cm，横3cmの長方形　② 1辺の長さが4cmの正方形

③ 直角になる2つの辺の長さが5cmと7cmの直角三角形

1cm

1cm

図形マスター
にんていテスト②

月　日　　　点

1 次の図形をかきましょう。

1問 **15** 点

① 半径が3.5cmの円

② 直径が6cmの円

③ 辺の長さが4cm，8cm，8cmの二等辺三角形

④ 1辺の長さが6cmの正三角形

2 コンパスを使って，左の図と同じ図を右にかきましょう。　1問 **10** 点

①

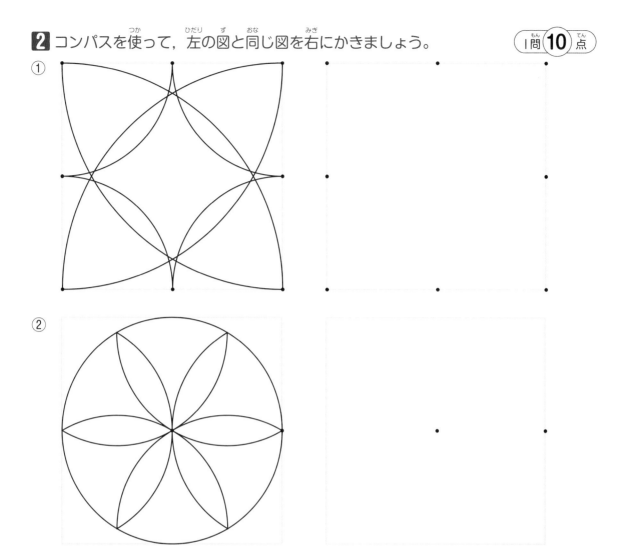

②

3 円を使って，次の三角形をかきましょう。　1問 **10** 点

① 辺の長さが，2cm，2cm，3cmの　　② 1辺の長さが3cmの正三角形
二等辺三角形

4 5 6 年生で習う 図形のツボ

高学年で習う図形の学習から, いくつかをしょうかい!

● 分度器で角の大きさを調べよう!

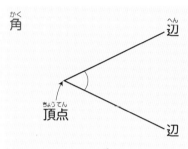

角
辺
頂点
辺

1つの頂点から出ている2つの
辺が作る形を角といいます。

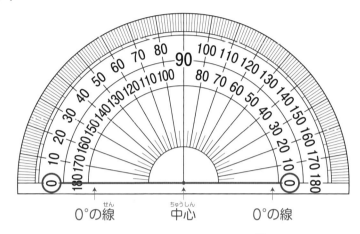

0°の線　　中心　　0°の線

角の大きさ（角度）を調べたり, 角をかいたりするときには, 分度器を使います。

角は1回転で360°, 半回転で180°。

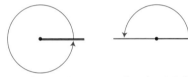

1回転360°　　半回転180°

それじゃあ, 直角は
90°ってことか!

90°

（例）

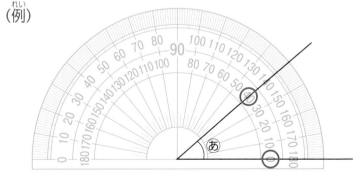

あの角度は
40°だね。

あ

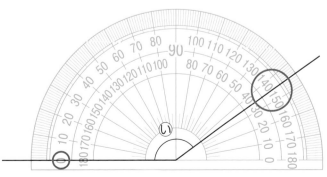

いの角度は
145°だね。

い

1

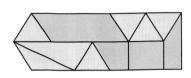

考え方 青くぬるところ（三角）ははい色で
しめしています。

2

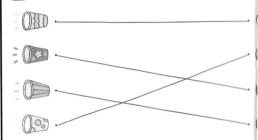

3 一番長い直線　カ

一番短い直線　ア

考え方 ものさしで、長さをはかってたしか
ます。

4 （しょうりゃく）

考え方

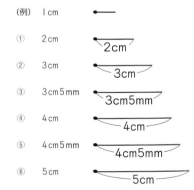

それぞれの長さの直線がかけていたら正か
す。

●三角じょうぎで垂直・平行を調べよう！

垂直　　　　　　　　　　　　　　　　平行

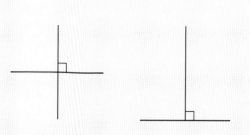　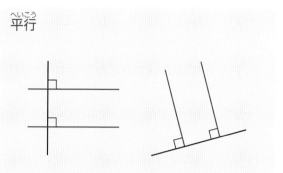

2本の直線が交わってできる角が直角のとき、
2本の直線は「垂直である」といいます。

1本の直線に垂直な2本の直線は「平行である」といいます。

2本の直線の垂直・平行を調べたり、かいたりするときには、三角じょうぎを使います。

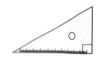

三角じょうぎには、直角があったよね。
2つのじょうぎを使って調べてみよう。

（例）　三角じょうぎで調べる、垂直と平行

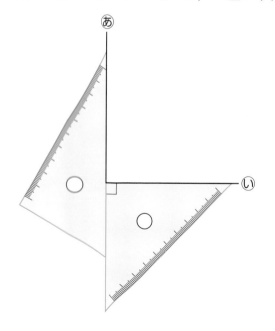

直線あと直線いは
垂直である。

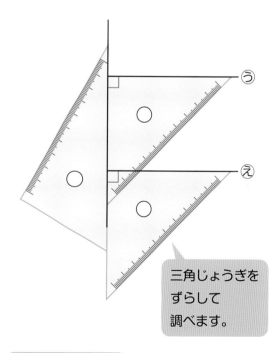

三角じょうぎを
ずらして
調べます。

直線うと直線えは
平行である。

算数
小学1・2・3年生の
図形をおさらいできる本

2020年2月　第1版第1刷発行

カバー・本文デザイン／伊藤祝子
カバーイラスト／法嶋かよ
本文イラスト／中浜小織

※本書は『3年生のうちにふりかえっておきたい　図形のツボ』
　を改題したもので、内容は同じです。

発行人／志村直人
発行所／株式会社くもん出版
　　　　〒108-8617
　　　　東京都港区高輪4-10-18　京急第1ビル13F
　　　　☎編集部直通　　03-6836-0317
　　　　　営業部直通　　03-6836-0305
　　　　　代表　　　　　03-6836-0301
印刷・製本／図書印刷株式会社

©2020 KUMON PUBLISHING Co., LTD
Printed in Japan

ISBN978-4-7743-3013-6

くもん出版ホームページアドレス
https://www.kumonshuppan.com/

CD57323

その3　ものさしでcmの長さをはかろう！

9ページ

やってみよう！

1　① 2 cm
　　② 8 cm
　　③ 11 cm

2　① 3 cm
　　② 5 cm
　　③ 9 cm

考え方 はかる物の向きにそろえて，ものさし
をまっすぐあてます。
長いめもりを数えます。1つ分で1cm。

その4　ものさしでmmの長さをはかろう！

11ページ

やってみよう！

1　① 1 cm 1 mm
　　② 11 cm 7 mm
　　③ 9 cm 4 mm

2　① 6 mm
　　② 4 cm 1 mm
　　③ 8 cm 8 mm

考え方 長いめもりは1つ分で1cm。短いめも
りは1つ分で1mm。

〈cm，mmの書き方〉

cm　　　　　　mm
センチメートル　　ミリメートル

cm，mmは上の書きじゅんで書きます。

ツボ その5 辺をかきたして，三角形・四角形をかこう！

15ページ

やってみよう！

1 （例）

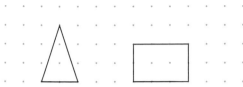

考え方 三角形は３本の直線でかこまれている形，四角形は４本の直線でかこまれている形がかけていたら正かい。

2 （例）

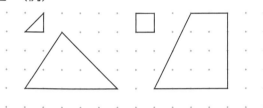

考え方 三角形と四角形が２つずつかけていたら正かい。

ツボ その6 三角じょうぎで直角を見分けよう！

17ページ

やってみよう！

1 イ，オ，ク

2　① １つ　② ４つ　③ ２つ
　　　④ ２つ　⑤ ５つ　⑥ ３つ

考え方　① 　② 　③
　　　　④ 　⑤ 　⑥

ふりかえるチェック ❷

18・19ページ

1 （例）

2

①

考え方
辺が切れている。

②

考え方
かどが丸くなっている。

③

考え方
辺が曲がっている。

3 ア，イ，キ，ク

考え方 三角じょうぎの直角を図にあてて調べます。ぴったり重なったら直角。

4　①　８つ　　②　３つ
　　　③　４つ　　④　２つ

考え方　① 　　②

　　　　③ 　　④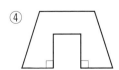

3

ツボ その7　長方形・正方形を見分けよう！

21ページ

やってみよう！

1 ウ

考え方　アは長方形。イはすべての角が直角で
なく，すべての辺が等しくないので，正方形で
も長方形でもありません。エはすべての角が直
角ではないので，正方形でも長方形でもありま
せん。

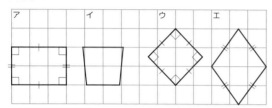

2 イ，カ

考え方　ア・ウは長方形。エ・オは正方形でも
長方形でもありません。

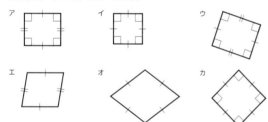

＋と＋，╫と╫のように，同じ印は辺の長
さが同じということを表しています。

ツボ その8　方がんの直角を使い，長方形と正方形をかく！

23ページ

やってみよう！

1 （例）

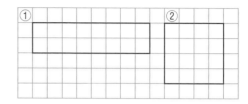

考え方　図形をかく場所はどこでもかまいません。

2 （例）

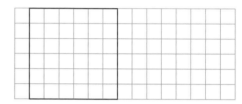

考え方　図形をかく場所はどこでもかまいませ
ん。「できるだけ大きな正方形」なので，方が
んのたてのマス6つ分が，1つの辺の長さにな
ります。1辺6cmの正方形がかけたら正かい。

ふりかえるチェック ❸

24・25ページ

1 イ，ウ，オ

考え方 アは長方形。エ・カは正方形でも長方形でもありません。

2 （例）

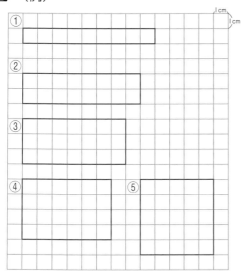

考え方 図形をかく場所はどこでもかまいません。

3 たて17cm，横15cm

考え方 「方がん紙をはしからはしまで使ってできる長方形」なので，方がん紙のたてのマスの数と横のマスの数が，長方形のたてと横の辺になります。

ツボ その9 直角三角形を見つけよう！

27ページ

やってみよう！

1 ア，エ

考え方 アは方がんを見れば直角だとわかります。エは三角じょうぎの直角とぴったり重なるので直角です。

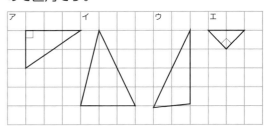

2 3つ

考え方 イ・オ・カが直角三角形。

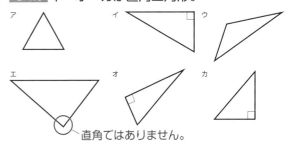

直角ではありません。

5

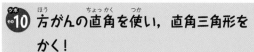 10 方がんの直角を使い，直角三角形をかく！

29ページ

やってみよう！

1 （例）

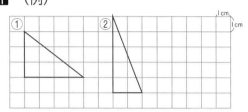

考え方 直角三角形をかく場所や向きはどこでもかまいません。

2

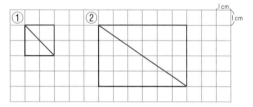

ふりかえるチェック ❹

30・31ページ

1 ア，ウ，カ

考え方 三角じょうぎの直角をあてて考えよう。

2 （例）

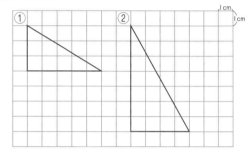

考え方 直角三角形をかく場所や向きはどこでもかまいせん。

3 （例）

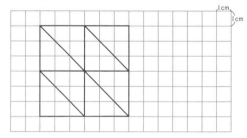

考え方 ほかにもいろいろな組み合わせ方があります。

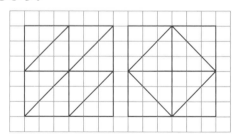

6

ツボ その11 円の半径と直径をはかってみよう！

33ページ

やってみよう！

1 ① 2cm

（例）

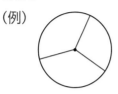

② 3cm5mm（3.5cm）

（例）

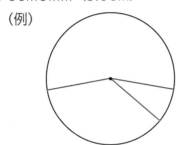

考え方 中心から円のまわりまでひいた同じ長さの直線が半径なので，どの位置でも半径が3本ひけていれば正かいです。

1mmは0.1cmなので，3cm5mmは3.5cmと小数で表してもかまいません。

2 ① 半径　2cm　直径　4cm

② 半径　3cm　直径　6cm

考え方
①直径が4cmなので，半分の長さが半径。
②半径が3cmなので，直径は半径の2倍。

ツボ その12 コンパスの使い方をおぼえよう！

35ページ

やってみよう！

1 （しょうりゃく）

考え方
①ものさしの長いめもりの3つ分開く。
②ものさしの長いめもりの6つ分開く。
③ものさしの長いめもりの4つと短いめもりの5つ分開く。

2

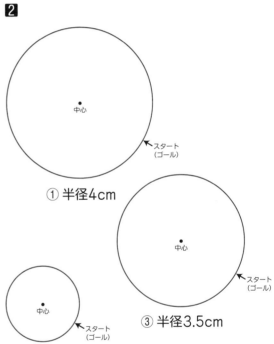

① 半径4cm

③ 半径3.5cm

② 半径2cm

考え方 スタートからゴールまで円がかけたら正かい。くるっと上手にコンパスを回す練習をしましょう。
左ききの人や，うまく回せない人は，スタートの場所をくふうしてみましょう。

コンパスを使って円をかこう!

37ページ

やってみよう!

1

① 半径3cmの円

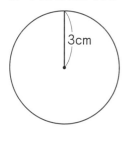
3cm

② 半径4cmの円

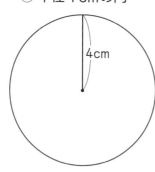
4cm

③ 直径6cmの円

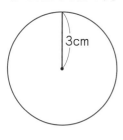
3cm

④ 直径7cmの円

3.5cm

考え方 直径の半分の長さが半径。コンパスで半径の長さに開き,円をかきましょう。
③ 半径3cmの円をかきます。
④ 半径3.5cmの円をかきます。

ふりかえるチェック ⑤

38・39ページ

1
⑦ 中心
④ 半径
⑦ 直径

2 ① 2   ② 6   ③ 5

3
① 半径2cm
  直径4cm
② 半径2.5cm
  直径5cm

4
① 半径   ② 中心
③ 3   ④ 7

5

① 半径3cmの円

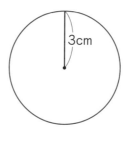
3cm

② 直径8cmの円

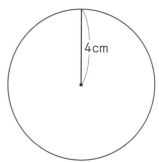
4cm

③ 半径1.5cmの円

1.5cm

考え方

① コンパスを3cmに開き円をかきます。
② 半径は4cm。コンパスを4cmに開き円をかきます。
③ コンパスを1.5cmに開き円をかきます。

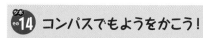 **コンパスでもようをかこう！**

その14

41ページ

やってみよう！

1 （しょうりゃく）

考え方 図の通りかけたら正かい。
円の中心の場所を決めてかきましょう。

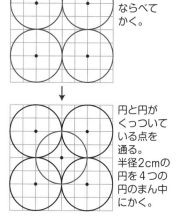

① 半径2cmの
円を4つ
ならべて
かく。

円と円が
くっついて
いる点を
通る。
半径2cmの
円を4つの
円のまん中
にかく。

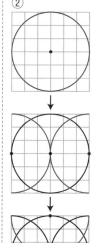

② 半径3cmの円の
組み合わせ。

その15 **コンパスで長さをはかろう！**

43ページ

やってみよう！

1 イ

考え方

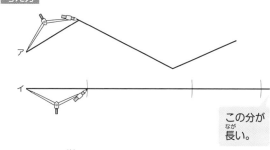

ア

イ

この分が
長い。

考え方 アは線がおれていて，そのままではくら
べられません。コンパスを曲がり角までの長さ
に合わせて開き，イの直線にうつしとっていき
ます。

2 ① キ，ク，サ ② イ，ウ，カ，シ，ス
考え方 全部書けて正かい。じゅんばんはちが
ってもかまいません。
① 点Aを中心とする半径2cmの円をかきまし
ょう。円の上にある点が答えです。
② 点Bを中心とする半径4cmの円をかきまし
ょう。円の上にある点が答えです。

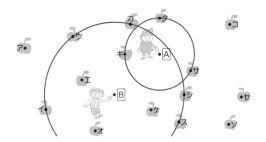

9

1 (しょうりゃく)

考え方 左の図の通りかけたら正かい。
円の中心の場所を決めてかきましょう。

①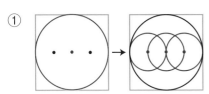

②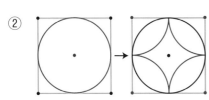

2 (しょうりゃく)

考え方

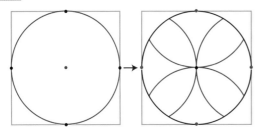

3 ア

4 ① ア，エ，オ，ク

　　② カ，キ，ケ，ソ，タ

考え方 全部書けて正かい。じゅんばんはちが
っていてもかまいません。
① 点Aを中心として，半径3cmの円をかきま
す。
② 点Bを中心として，半径5cmの円をかきま
す。

その16 正三角形と二等辺三角形を
見つけよう！

47ページ

やってみよう！

1 イ

考え方 2つの辺の長さが等しいので，イが正
かい。アは3つの辺の長さが等しいので，正三
角形。ウは3つの辺の長さがちがう三角形。

2 二等辺三角形　ア，イ，ウ，エ

　　正三角形　　　カ

 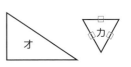

考え方 全部書けて正かい。じゅんばんはちが
っていてもかまいません。

49ページ

やってみよう！

1

①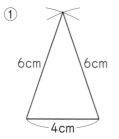
6cm 6cm
4cm

②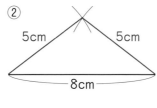
5cm 5cm
8cm

③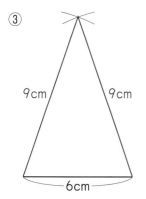
9cm 9cm
6cm

④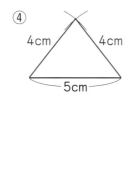
4cm 4cm
5cm

考え方 コンパスでつけた印は，消さないでそのままのこしておきましょう。
交わる点を予想してかくと，ムダがありません。

ふりかえるチェック **7**

50・51ページ

1 ① ア ② オ

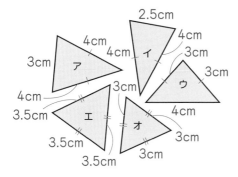

2.5cm
4cm
4cm イ
3cm
3cm ウ
4cm
3cm
3.5cm
4cm ア
3cm
エ オ
3.5cm 3cm
3.5cm 3cm

考え方 ①は二等辺三角形，②は正三角形。

2

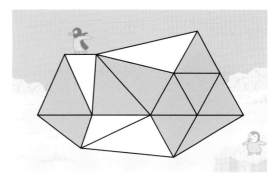

3 ①

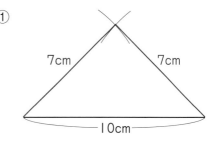
7cm 7cm
10cm

②

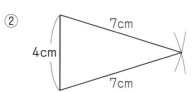
4cm
7cm
7cm

4

①

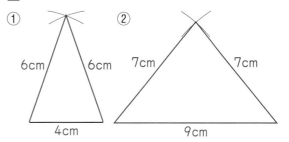
6cm 6cm
4cm

②

7cm 7cm
9cm

ツボその18 正三角形をかいてみよう！

53ページ

やってみよう！

1

①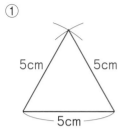

5cm　5cm
5cm

②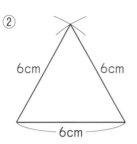

6cm　6cm
6cm

③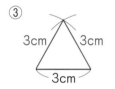

3cm　3cm
3cm

④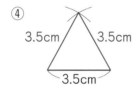

3.5cm　3.5cm
3.5cm

ツボその19 円の半径が辺になった三角形をかこう！

55ページ

やってみよう！

1

① （例）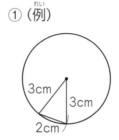

3cm　3cm
2cm

② （例）

4cm　4cm
3cm

③ （例）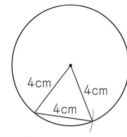

4cm　4cm
4cm

④ （例）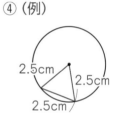

2.5cm　2.5cm
2.5cm

考え方

①のかき方。

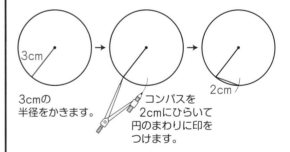

3cmの
半径をかきます。

コンパスを
2cmにひらいて
円のまわりに印を
つけます。

② 半径4cmの円をかきます。

③ 半径4cmの円をかきます。
正三角形の場合もかき方は二等辺三角形と同じ。

④ 半径2.5cmの円をかきます。

ふりかえるチェック ❽

56・57ページ

1

①
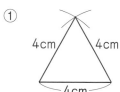

②
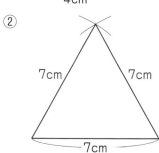

③
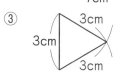

④
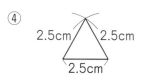

2

① （例）

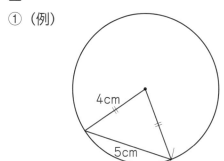

考え方 二等辺三角形は，２つの辺の長さが等しい三角形なので，半径４cmの円をかきます。

② 　６cm

3

（例）

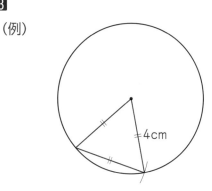

考え方 正三角形は，３つの辺の長さが等しい三角形なので，半径４cmの円をかきます。

1 （例）

考え方 三角形は３つの直線でかこまれている形，四角形は４つの直線でかこまれている形がかけていたら正かい。

→ふく習はツボその５（14ページ）

2　ア　2まい
　　　イ　2まい
　　　ウ　8まい
　　　エ　8まい
　　　オ　32まい

考え方

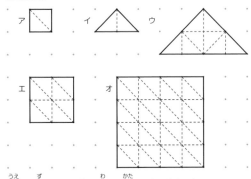

上の図とちがう分け方もあります。

→ふく習はツボその1・2（4・6ページ）

3　一番長い直線　イ
　　　一番短い直線　エ

→ふく習はツボその4（10ページ）

4　（例）

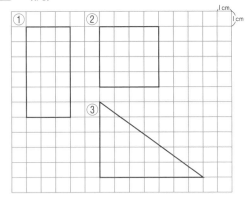

→ふく習は①・②ツボその8（22ページ），
　③ツボその10（28ページ）

1

① 半径3.5cmの円

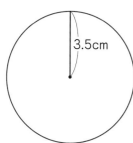

② 直径6cmの円

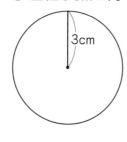

③

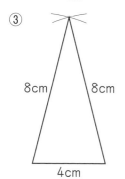

④

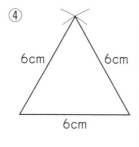

→ふく習は①・②ツボその13（36ページ），
③ツボその17（48ページ），④ツボその18
（52ページ）

2 （しょうりゃく）

考え方

①

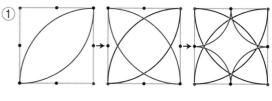

②

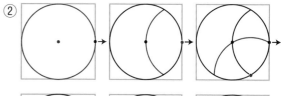

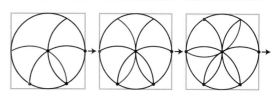

→ふく習はツボその14（40ページ）

3

① （例）

② （例）

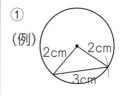

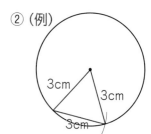

→ふく習はツボその19（54ページ）

15